[电子教程系列]

建筑工程测量
学习指导与虚拟实验

郑日忠 编著

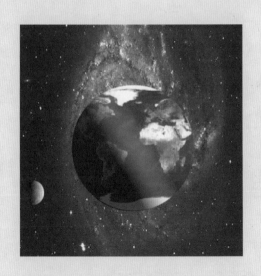

中国建筑工业出版社

电子教程系列

建筑工程测量学习指导与虚拟实验

郑日忠　编著

*

中国建筑工业出版社出版、发行(北京西郊百万庄)
新华书店经销
北京广厦京港图文有限公司制作
北京中科印刷有限公司印刷

*

开本：787×1092毫米　1/32　印张：5/8　字数：35千字
2007年3月第一版　2007年3月第一次印刷
定价：168.00元
ISBN 978-7-900189-71-4
　　　(14456)

版权所有　翻印必究
如有印装质量问题，可寄本社退换
(邮政编码 100037)
本社网址：http://www.cabp.com.cn
网上书店：http://www.china-building.com.cn

《建筑工程测量学习指导与虚拟实验》说明
郑日忠

一、系统说明

1. 运行本系统时,硬件最低配置要求CPU的主频为1GHz以上;内存在256MB以上;具备OpenGL硬件三维加速能力的普通独立显卡,要求显存在32MB以上;硬盘具有1GB以上的自由空间,显示分辨率设为1024×768。

2. 光盘放入光驱后自动运行,请等待一会儿,系统正在做测试和为场景运行做准备。

3. 本电子教程需要Flash 7.0和DirectX 9.0的支持,否则无法正常运行。

4. 内部的三维图形使用了最新虚拟现实技术,增强了图形的三维效果和可操作性。

二、创作背景

随着计算机技术、网络技术、信息技术的发展,可以用图、文、声、像和动态视频等多媒体技术直观地把传统媒体技术条件下难以表述的现象与过程生动而形象地显现出来。通过形象的手段来表达抽象的内容,引导学习者去认识事物的本质,使教学方法、教育手段多样化,信息技术传递立体化,这符合认知理论模型,对现代教育技术产生了巨大的推进作用,同时,也可以让教师从忙乱的板书和飞舞的粉尘中解脱出来。

然而,在教学实践中却存在一些问题。比如:把课本放在展台上,通过投影仪投射到大屏幕上,或者把传统课堂上板书的内容扫描到电脑上,简单制作成演示型课件,再用投影仪设备投射到大屏幕上来代替黑板,而其他教学方法依旧,结果教学效果并没有提高。作者曾问卷调查了一些教师和学生,大家认为并不是多媒体不好,也不是没有好的教学方法,而是由于对计算机的应用能力差,有许多好的想法无法实现,结果只能是"教材搬家"。

作者利用现代先进的多媒体技术,结合自己的专业特点,编制的这套《建筑工程测量学习指导与虚拟实验》电子教程,突破了技术上的瓶颈,通过最新虚拟现实技术把测量仪器移置到多媒体中,让现实中昂贵笨重的仪器实现了数字化。原来教师一边讲解一边操作仪器,教师费力不说,学生能清楚看到操作过程的只有讲台周围的几位,能理解掌握的就更少。因此等到学生真正操作仪器时,很多问题就会显现出来,老师还得不厌其烦地反复讲解,造成课堂教学效果不能令人满意。如果使用这套电子教程,老师就可以轻松讲解仪器的原理和操作过程,也不会再有学生看不到仪器的现象,而且由于学生对这种身临其境的教学手段兴趣浓厚,将会有望改变"老师在课堂上讲解汗流满面,而学生听课却满脸迷惘"的尴尬现状。

三、功能特点

本电子教程是以土建类测量课程教学大纲为依据,参考众多建筑测量教材制作而成的。其内容全面、形式新颖,充分利用现代多媒体技术来生动地表现测量技术中的基本原理,为学生深刻理解教学内容提供了很好的帮助,也进一步培养了学生的创新能力。尤其是在仪器的认识实验中采用了最新的虚拟现实技术,把笨重的仪器通过仿真技术移置到屏幕,所有的功能可通过计算机仿真模拟来实现,可激发学生的想象能力,为本课程的实践性教学环节提供了一种新的教学方式。

本电子教程除了运用虚拟仿真技术外,还运用了大量图形、图像、动画等形式,辅助学生更深层次地理解建筑工程测量课程中的概念、原理。在每章节前有重点提示,每章节后有测验题,可方便测试学生的掌握情况,而且用生动的形式给出答题结果。在界面上方是下拉菜单式的章节导航,查找和定位非常方便,下方是形象明确的翻页按钮,并配有可自由开关的背景音乐和形象的时钟来提示上下课的时间。教程制作充分考虑了教师上课所涉及的内容和需求,希望成为从事测量教学的教育工作者的益友和学生自学的良师。

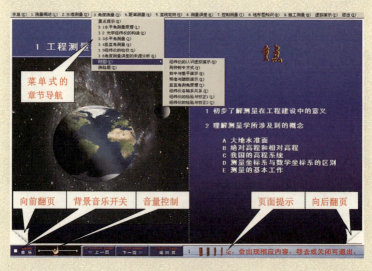

图3-1 界面功能介绍

点击休息下拉菜单,可以切换背景音乐,并自动转到有时钟的页面,点击"返回"可以返回到上次打开页。如下图:

图3-2 课间休息页面

测试题的形式有两种,分别为单项选择和多项选择,可以自动批改、重做和答案提示。如下图:

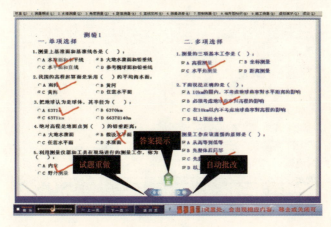

图3-3 章节测验题

四、章节说明

1. 工程测量概述

基本要求

理解测量技术在土木工程中的意义,掌握坐标系统、高程系统的概念和应用,理解测量定位概念与技术过程,把握学习工程测量的基本导向。

具体内容

- 工程测量在工程建设中的作用;
- 学习测量学的目的和要求;
- 地球的形状和大小,地球椭球概念;
- 地面点位的确定;
- 用水平面代替水准面的限度;
- 测量工作的基本概念。

特别说明

测量学研究的对象是地球表面的高低起伏情况,以图形讲解效果生动形象。图的其余部分可拖动出来,当鼠标移到专家提示的地方会出现相应提示,在突显的文字上点击,会出现相应的内容。

2. 水准测量

基本要求

明确高程测量概念,明确水准仪的结构原理,掌握地面点高程测量的两种技术:水准测量和三角高程测量的原理与方法,掌握高程网基本计算原理与方法,理解高程测量误差影响与解决办法。

具体内容

- 水准测量的原理;
- 水准仪及其使用;
- 自动安平水准仪和数字水准仪;
- 水准测量方法;
- 微倾式水准仪的检验与校正;
- 水准测量误差的分析及注意事项。

特别说明

在场景中游历时可以较近的方式看到水准尺的情况,以及地面上的水准点,分别有附合和闭合两种水准路线。

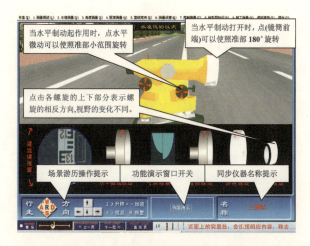

图 4-1 水准仪的虚拟场景操作说明

W、S、A、D 分别是前进、后退、左移、右移；光标键分别用来调整视线的方向；<、> 为预设视点的切换；+、- 为游历的速度的调整，Q 为飞行与行走的切换开关，当飞行打开时，Z 为上升，X 下降，这时就没有了重力检查，可能会出场景外，这时用 R 进行视点恢复，非常方便。

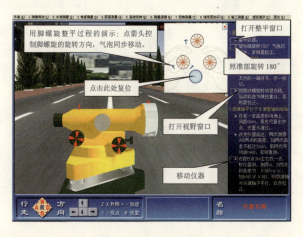

图 4-2 水准仪的检验

7

3. 角度测量

基本要求

在理解角度测量基本概念的基础上,明确经纬仪(光学、光电)的结构原理,掌握经纬仪应用的基本方法,掌握水平角、竖直角测量基本技术,理解角度测量的误差影响与解决办法。

具体内容

- 水平角、竖直角测量原理;
- 经纬仪结构及角度测量步骤以及操作要领;
- 经纬仪的检验与校正;
- 精密电子经纬仪的测角原理;
- 角度测量误差分析及注意事项。

特别说明

在虚拟场景中可以详细说明经纬仪各部件功能,使学生掌握起来更快,也更生动,避免了老师的重复劳动。操作说明看以下提示:

图 4-3 经纬仪的认识

图 4-4 对中与整平

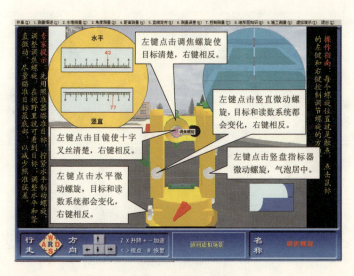

图 4-5 照准与读数

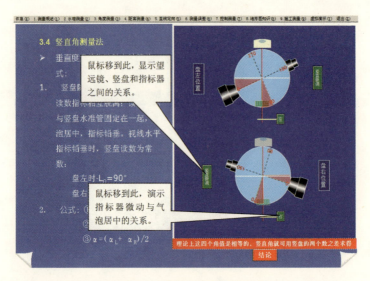

图 4-6 竖直角的测角原理

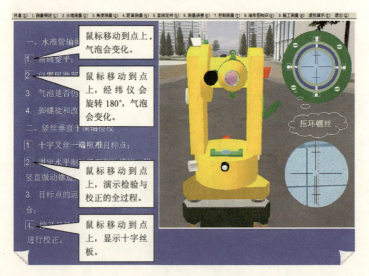

图 4-7 经纬仪的检验与校正 1

图 4-8 经纬仪的检验与校正 2

4．距离测量

基本要求

理解光电测距、钢尺量距和光学测距三种距离测量的概念，掌握测量成果数据处理方法，掌握钢尺量距、光学测距基本方法。

具体内容

- 钢尺量距的一般方法；
- 钢尺量距的精密方法和三项改正；
- 钢尺的检定；
- 视距测量；
- 距离测量的误差来源与分析。

特别说明

在每一章节中都有大量的图形和图像，为了界面的整洁，多是隐藏设置的，当鼠标点击或移到触点上会自动显示；当移出图形外或点击关闭则隐藏。如下图：

11

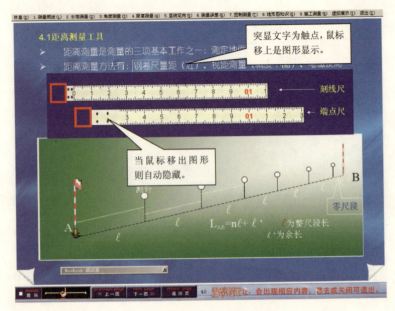

图 4-9 隐藏图形打开和关闭方式

5．直线定向

基本要求

理解坐标方位角和象限角的定义，掌握坐标方位角和象限角的换算关系，掌握坐标方位角的推算原理。

具体内容

- 直线定向的概念；
- 方位角与象限角的关系；
- 坐标方位角的推算；
- 直角坐标与极坐标的关系。

特别说明

在这一章节中，用了许多动画来形象生动地解释抽象的概念，使学生理解更容易、更深刻，包括坐标方位角、象限角、三北方向之间的关系、方位角推算的原理等。

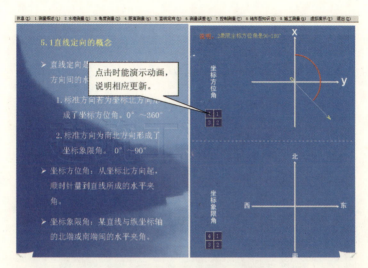

图 4-10 坐标方位角与象限角

图 4-11 三北方向的关系

6. 测量误差

基本要求

明确测量误差与精度的概念,理解几种函数误差传播率及其应用,掌握测量过程中误差的分类和消除减弱的方法。

具体内容

- 测量误差的来源与分类;偶然误差和系统误差的特性;
- 衡量观测值精度的指标:中误差,极限误差,相对误差;
- 误差传播定律。

特别说明

本章节中的实例是以点击热点来打开的。

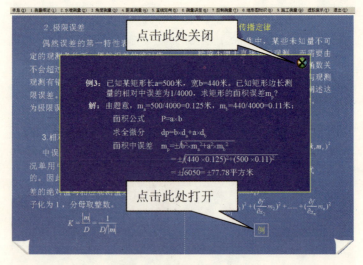

图4-12 例题打开与关闭

7. 控制测量

基本要求

掌握工程控制测量技术要点;掌握土木工程一般控制测量技术方法和控制点坐标的计算原理和方法,掌握精密导线、简易导线、交会计算方法。

具体内容
- 控制测量概述；
- 导线测量与内业计算；
- 交会定点形式与计算；
- 三、四等水准测量；
- 三角高程测量。

特别说明

逼真的图片与图形完美结合，激发了学生的想象能力。

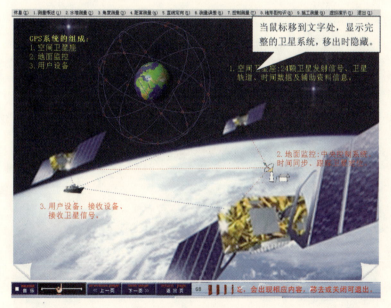

图4-13 GPS系统示意图

8. 地形图知识

基本要求

能够识读地形图中的各类地物和地貌符号,明确地形图阅读方法要点,掌握在地形图上测算地面点的位置的基本技术,掌握工程地形图应用的基本技术原理、内容和方法,掌握用地面积、土方测算方法。

具体内容

- 地形图的基本知识;
- 大比例尺地形图的传统测绘方法;
- 数字化测图方法;
- 地形图应用的基本知识;
- 面积量算;
- 断面图绘制;
- 地形图在平整场地中的应用。

特别说明

本章节内容中运用了大量的图片来说明文字所阐述的内容,有的内容用动画来说明定义的内涵。

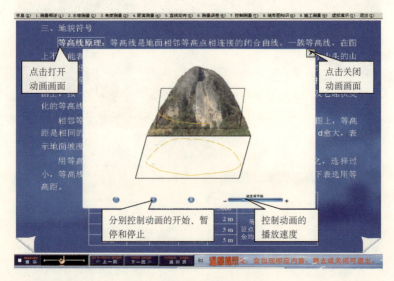

图 4-14 等高线的形成原理

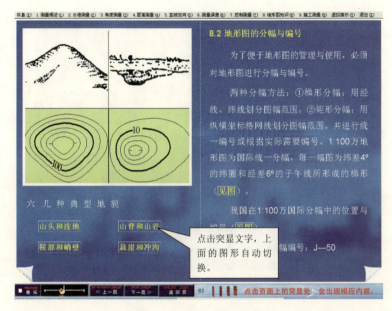

图 4-15 典型地貌与地图分幅

9. 施工测量

基本要求

明确施工测量的目的及相应的基本要求,掌握施工测量的三种基本技术工作原理,掌握地面点的测设技术,重点是要明确放样数据的计算。

具体内容

- 施工测量概述;
- 测设的基本内容和方法;
- 施工控制网;
- 建筑施工测量;
- 民用建筑测量。

特别说明

施工测量与工程项目有很大的关系,对于不同的工程,测量的方法有所差异,但基本原理是一致的,所以本章节以三种基本测设为主,以动画方式显示测设步骤。

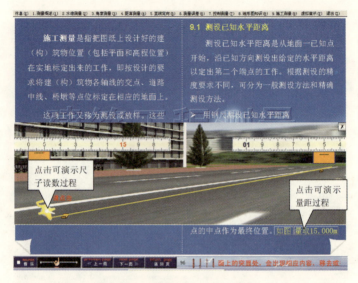

图 4-16 测设已知水平距离

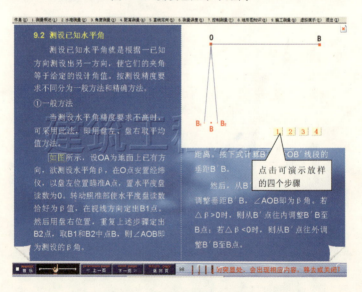

图 4-17 测设已知的水平角

图 4-18 测设已知高程

为了保证文字的完整性，点击按钮可上下滚动文字。

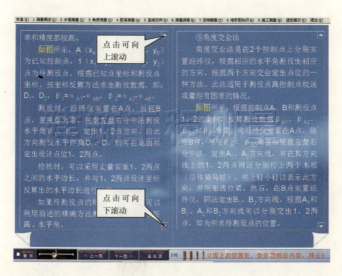

图 4-19 滚动页面说明

参考文献

1. 郑庄生.建筑工程测量.北京:中国建筑工业出版社,1995
2. 熊明安.土建工程测量.南京:东南大学出版社,2005
3. 何习平.建筑工程测量实训指导.北京:高等教育出版社,2004
4. 顾孝烈,鲍峰,程效军.测量学.第二版.上海:同济大学出版社,1999